U0170647

鸟类不简单

黄一峯 著

中国友谊出版公司

推荐序

不可思议的飞鸟

像鸟儿一般在蓝天自由翱翔，一直是人类的梦想。为了抵抗地心引力，千百万年以来，鸟类已演化成地球上最优秀的飞行家。为了能承受高速飞行时的压力，鸟类的许多骨骼已演化结合成一块，前肢演化成强有力的翅膀，身体覆盖着羽毛。这些特点不但能帮鸟儿隔热保温，还能减少风阻，产生浮力和飞翔的动力，更有控制方向的作用。除了本身的构造不简单外，鸟类还有许多奇特迷人的生态行为。《鸟类不简单》正是用精彩的图片、活泼生动的编排，引领读者进入鸟类的衣、食、住、行等妙趣横生的方方面面。

审阅这本书，让我想起自己曾在专注拍摄台湾蓝鹊时，被背后的蓝鹊偷袭头部的往事。突遭鸟袭虽然很痛苦并且很懊恼，却也是难得的经历，我想全世界大概也没多少人能有这般荣幸和蓝鹊"亲密"接触。台湾蓝鹊有着鸟类世界中少见的通力合作行为，也就是"巢边帮手制度"。蓝鹊家族中，去年出生的哥哥姐姐会分担父母的工作，帮助照顾和守护弟弟妹妹；在育雏阶段，甚至会采用聪明的接力战术，轮番上阵击退如猫、狗、乌鸦、凤头苍鹰等前来偷袭幼鸟的外敌。

记得有一次带孩子们到城市河岸体验大自然，看到正在河边觅食的小水鸭，孩子满脸疑惑地抬头问我："小水鸭怎么在吃烂泥巴呢？"我先高兴地赞美孩子认真观察的能力，然后向他说明：小水鸭是杂食性动物，觅食时只要将扁扁的鸭嘴伸进泥水中，微微张开，就能滤食水中或污泥中的小动物和植物。事实上，小水鸭扁平嘴喙的表面覆满了有丰富感觉神经的皮质膜，内缘则具有像海洋中的须鲸那样的滤食器，这种普遍存在于雁鸭鸟类中的构造，让它们在滤食时有效获得食物。

每年秋季，我都会如候鸟般依约到恒春半岛的垦丁，拜访一群群自北方远道而来的灰面鵟鹰，看它们在天空中汇聚成"鹰河"。在短短大约一个月的时间里，过境垦丁的灰面鵟鹰，历年统计数量高达三万至四万只，这里成为灰面鵟鹰在全球迁徙旅程中单季数量最多的地区。亲临现场的震撼，让我深深感受到人和鸟类都是大自然的一分子，我们应该共同维护鸟类的自然生态环境，让子孙后代都能和这一群大自然的"精灵"共舞。

通过本书作者拍摄的一张张野外鸟类作品，我深深地感受到作者对鸟类的挚爱之情，这些都是他跋山涉水、耐心等候、长年积累下来的心血结晶。更难能可贵的是，这些作品全都是在台湾地区拍摄的，足见台湾鸟类的多彩缤纷，非常值得我们细细观赏。让我们一起走入鸟类不可思议的生命当中，珍惜那些丰富我们视野的美丽飞羽！

鸟类观察达人、自然生态教育工作者 吴尊贤

作者序

我和鸟儿有个约会

　　我从小就很喜欢鸟类，家里还曾经养过鸟，把鸟当宠物，但第一次观鸟却是在高中的时候。那时为了完成布置的摄影作业，我跟邻居借了一架可以接相机的天文望远镜，和同学跑到社子岛拍照。当时的我根本不知道什么是观鸟，只记得透过相机模糊的窗口，隐约看到淡水河对岸站了一排鸟，和那时只认识的白鹭鸶很像，但是越看越奇怪。因为这群鸟虽然和白鹭鸶一样有着雪白的羽毛，嘴却是弯的，看得我一头雾水，连忙找了公用电话询问观鸟达人吴尊贤老师。吴老师要我仔细观察它们的特征，然后让我在回程时到他开的自然野趣书屋一趟。到他的店里之后，他拿出一本图鉴，依据我描述的白身体、黑弯嘴的特征，翻到对应的鸟种给我看，原来那是外来种的埃及圣鹮，在当时可是轰动一时的笼中逸鸟，于是我的第一次观鸟经验就献给了它。

　　从此之后，我一有空就往吴老师的自然野趣书屋跑，除了和他学习观鸟，更想听他说说精彩的鸟类故事；而吴老师让我不要只看那些明星鸟，应该去观察整个自然生态的丰富与多样。所以，他不只是启蒙我观鸟，也是教我自然观察的导师。有了达人的引导，我开始从住家附近出发，观察行道树上的白头翁、麻雀、暗绿绣眼鸟，

又到离家不远的台北植物园看黑冠麻鹭……长时间下来，自然观察成了我生活的一部分，而这些鸟儿也成了我熟悉的老朋友。

多年以后，我如愿成为生态摄影师，记录了很多鸟类的行为，但我却不是只专注鸟类摄影的狂热分子，我想拍摄的是生物的多样性。

前几年，我的窗外来了一对白头翁，它们在阳台边的树上筑巢、产卵、育雏，让我欣喜若狂。在繁华的都市丛林中有这样一对"老朋友"在我窗外的树上生鸟宝宝，是多么让人兴奋的事！于是我做了两个月的记录，通过镜头，我看见了鸟儿之间的细腻情感，也感受到了生命的伟大。我想，没有什么事能比与大自然近距离接触还要幸福的了。这本书展现和阐述了我所观察到的台湾鸟类，希望更多的人能认识这些美丽的精灵，珍惜它们，爱护它们。

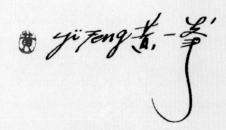

羽翼缤纷

振翅高飞

鸟以食为先

栖身之所

飞羽之爱

天生好歌手

拍动翅膀宣示领地的蓝腹鹇雄鸟

羽翼缤纷

鸟类身上五彩缤纷的羽毛，

不仅是它们飞行的工具，还具备防水、保暖的功能。

羽毛是鸟类身上的主要构造，

流线型的造型能让它们在飞行时减少阻力。

羽毛的颜色还兼具吸引异性，

以及伪装保护、躲避天敌的功用！

披上霓虹羽衣 | 色彩缤纷的鸟羽

类胡萝卜素构成了酒红朱雀雄鸟的鲜艳羽色，强烈的色彩对比有助于它在山林间求偶。

黄腹琉璃雄鸟用亮丽的橙黄色羽毛来吸引雌鸟的注意。

黄鹂的羽色和透光的叶子融为一体。

有着绝佳保护色的绿鸠，只要站在树叶间不动，天敌就很难发现它的身影。

黑枕蓝鹟（黑枕王鹟）生活在幽暗的密林里，台湾紫啸鸫则栖息在溪流谷地，蓝色和紫色是它们在阴暗处的最佳保护色。

水中的鱼往上只能看到明亮的天空，而不易觉察到与天空融为一体的中白鹭。

鸟类羽毛颜色的主要成分是色素，大多由黑色素、类胡萝卜素等构成，这种色彩也叫"生物色"。

鸟类的羽毛是它们和其他生物最大的区别所在，缤纷的羽毛来自不同色素的沉积，以及羽毛结构折射、反射光线所产生的效果。我们从羽色就可以了解各种鸟类不同的栖息环境和生活方式。

名为五色鸟，但绿色才是它的最佳保护色。

黑长尾雉（帝雉），名字虽然有"黑"字，但它的羽毛在强烈阳光的照射下会呈现深蓝色光泽，这一身装扮能帮助它躲藏在阴暗的森林底层。

鸟中朋克族 | 高高翘起的冠羽

戴胜的冠羽在受惊吓或示威时才会展开。

黄山雀的黑色冠羽让它好像梳了个朋克头。

红嘴黑鹎突出的短冠羽是它的显著特征。

冠羽画眉的褐色冠羽让它看起来好像戴着一顶扁帽。

"冠羽"是指鸟类头顶上一撮较长的羽毛，但作用不尽相同，有些平常就翘得高高的，有装饰作用，有些是危急时才张开，用来威吓警戒。

超酷蒙面侠 | 黑白炫酷过眼线

黑色过眼线让小弯嘴画眉看起来像抢匪。

红头山雀的过眼线占了头部的一大半。

黄鹂的过眼线分割了它一身艳黄的色彩。

"过眼线"是指鸟类嘴喙后方、覆盖眼睛周围的羽毛色块。有些鸟类有特殊的过眼线，可作为种类判断的依据，例如，白耳画眉的白色过眼线是它最大的特征。

华丽的大礼服 | 灿烂闪耀的羽毛

在繁殖季节，蓝腹鹇雄鸟的羽色会变得更加鲜艳亮丽，尤其在阳光的照射下，深蓝色的羽毛会折射出金属般的光泽。

深蓝色的羽毛让体形硕大的蓝腹鹇雄鸟可以隐身在阴暗的森林底层，而一身棕色的雌鸟更是隐身高手。

每到繁殖季节，雉科鸟类雄鸟的羽毛颜色都会变得更亮丽、鲜艳，脸部的裸皮与肉垂也会变得鲜红肿胀，而雌鸟身上的棕色羽毛没有明显变化。身着华服的雄鸟肩负着求偶与保护伴侣的任务，雌鸟负责孵蛋和育雏，它们任务不同，服装也大不同。

在繁殖季节，蓝腹鹇雌鸟身上的羽色依然是棕色，并没有什么变化。

比起蓝腹鹇雄鸟，环颈雉雄鸟的羽色比较平淡，但是脸部的鲜红色肉垂仍然抢眼。

雌雄大不同 | 雌鸟和雄鸟的羽色

鸟类的种类不同，羽色当然也不一样，
甚至同类的鸟都会因为雌雄之分而有不同的羽色。
有些鸟类雌雄的差异相当大，
但也有些鸟类是雌雄同色。
一般来说，雌雄羽色差异很大的鸟，
多由雌鸟来育雏，而如果雌雄羽色相近，
则多是由雌鸟和雄鸟一起照顾雏鸟。

翠鸟雌鸟（左）和雄鸟（右）最大的不同是雌鸟喙的下缘呈橘红色。所以，只要记住"雌翠鸟擦口红"的特征，
就可以辨认雌雄鸟了。

黑枕蓝鹟雌鸟（左）身体颜色偏棕色，不像雄鸟（右） 绿鸠雄鸟（左）翅膀偏红色，雌鸟（右）则偏绿色。
那样鲜艳。

雌鸟与雄鸟羽色相近的鸟类，很难从外形上判断雌雄，只能通过它们在繁殖季节的求偶等行为方式来判断。

千万不要以为看到的是两种雁鸭，其实，它们都是绿头鸭（左雄右雌）。

黑长尾雉雌雄羽色差异很大（左雌右雄），如果不是亲眼见到它们在一起觅食，很难相信它们是同一种鸟。

不知道你有没有发现，在鸟类的世界里，很多种类的鸟都是雄鸟比雌鸟漂亮。

神奇羽绒衣

鸟类的羽毛又轻又暖,除了飞行,还兼具防水和保温的功能,是鸟类重要的生存工具。

下雨时鸟儿只能藏在枝叶中。身体外侧的正羽让它有如穿了一件雨衣,虽然雨很大却不会因全身湿透使热量流失。(图为白头翁)

因为羽毛排列整齐、致密,再加上鸟类会分泌油脂并涂在羽毛上,所以它们的身体不易被水浸湿。

天冷时,鸟将腹部绒羽膨起,可以留住热气,维持身体的温度。

覆盖在鸟儿身体最外层的光滑羽毛被称为正羽,具有绝佳的防水功能。而内层紧贴着皮肤、毛茸茸的细短绒羽,则可以帮助鸟儿保暖。

隐身有术

除了羽毛鲜艳的鸟儿，还有很多鸟类身着"迷彩服"，让自己隐身在自然环境中，躲避天敌的猎捕，不仔细观察，很难发现它们。

伪装成
树叶

伪装成
树干

暗绿绣眼鸟一身绿衣藏在树叶间，如果不发出叫声，很难发现它。

领角鸮褐色的身体正好和树干融为一体。

伪装成
石头

伪装成
石头

棕色的东方环颈鸻在石头堆里活动，具有很好的保护色。

河乌的羽色和溪边的卵石合而为一，有绝佳的隐蔽效果。

五色鸟在桑葚树上栖息，良好的保护色让它隐身在树叶之间。你看到它在哪儿了吗？答案请见第 82 页。

五色鸟
捉迷藏

麻雀身上的花纹和颜色跟满地的落叶非常相似。看到它们藏在哪儿了吗？一共有几只？答案请见第82页。

洗澡喽！ | 羽毛的整理和保养

水洗

鸟类停栖下来时会不断地整理羽毛，而且几乎所有的鸟类都非常爱洗澡，因为洗澡可以保养它们细致的羽毛，让羽毛不易损坏，不影响飞行功能。

沙浴

麻雀在沙地上洗沙浴，以除去寄生虫。

泡澡

夏天的正午，小白鹭泡在海水里降温。

鸟儿洗澡的方式有很多种，除了一般我们熟悉的水洗，居住在干燥地区的鸟儿也会"干洗"，它们会在沙土堆中翻滚拍打，或者直接晒太阳做日光浴，目的都是清洁羽毛和剔除寄生虫。

水洗

在公园水池里洗澡的红嘴黑鹎。

绿头鸭在飞行过后，都会在水中清洗身上的羽毛，以免灰尘和脏污沾在羽毛上，妨碍飞行。

鸟类洗澡只会弄湿部分羽毛，以便随时飞行逃命。

鸟类还有一种特殊的洗澡方式，就是用嘴衔起蚂蚁，将它们分泌的蚁酸涂抹在羽毛上，用来当成杀虫剂，这样的行为叫"蚁浴"。

水洗

体形较大的凤头苍鹰对洗澡相当谨慎，为了不被天敌发现，它会选在隐秘的树林间洗澡。

展羽

展羽、理羽是鸟儿保养羽毛的基本动作。

虽然洗澡对鸟儿的翅膀有立竿见影的清洁效果，
但洗澡也是一件危险的事，
因为羽毛被打湿，必然会影响鸟的飞行能力，
所以洗澡前它们都会相当谨慎，小心观察四周，
确认安全之后才会开始洗澡。

**凤头苍鹰
爱干净**

排泄

刚洗完澡的凤头苍鹰，除了整理羽毛，排泄也是保持清洁的大事。

搔痒

理羽

鸟儿一停栖下来，就会仔细整理自己的羽毛。

鸟儿的羽毛有一根中空的羽轴，羽轴两侧又生出许多细小的钩状羽枝，彼此相连。鸟儿在飞行后会整理、匀顺羽毛，准备下一次飞行。 23

群飞的高跷鸻

振翅高飞

飞行是鸟类最大的优势,
它们因为有羽毛、气囊和中空的骨骼,
因此可以在空中自由地翱翔。
当然,鸟类的飞行方式会因种类的不同
以及栖息环境的差异而各有区别。

盘旋和翱翔 | 猛禽的飞行方式

翅膀形状和大小，都会影响鸟类的飞行能力。
像鹰隼这样有着宽大翼面的猛禽，会利用气流盘旋或翱翔，
或是调整翅膀的形状，快速飞行捕捉猎物，
有些甚至可以在空中悬停，或像箭矢一样极速俯冲。

竖起小翼羽，再将尾部的羽毛分开，可以匀顺气流，让红隼能在空中悬停飞行。

小羽翼

体形较小的红隼飞行速度极快，最特别的是，它会用定点鼓翼的方式悬停在半空中搜寻猎物。

蜂鹰的翅膀长而宽，是可以做长距离迁徙飞行的猛禽。

凤头苍鹰（亚成鸟）是丛林里的飞行高手，它的翅膀宽广圆短，配合尾羽的张合或扭转，可以迅速改变方向，在林间穿梭。

黑鸢常用特殊的"弓翼"姿势低空飞行，以便双爪迅速地掠过水面，捕食猎物。

鱼鹰是大型猛禽，还会从空中观察猎物，并直接俯冲入水捕鱼。宽大的翅膀让它有即刻从水面起飞的能力。

蛇雕（大冠鹫）的翅膀又宽又长，可以利用热气流在空中长时间滑翔或盘旋飞行。

振翅高飞 | 小型鸟的飞行方式

比起大中型的猛禽，
小型鹭鸟的体形相对来说小很多，
翅膀也比猛禽来得短巧，
这正好适合在山林间飞翔。
它们不但能在树林间穿梭，
还能在空中捕食虫子！

住在都市里的家八哥常穿梭在城市的建筑和各种交通工具间，因此需要更高超的飞行技术。

黄鹂体形小，只需双脚弯曲向上蹬跃，再拍动翅膀就能起飞。

轻巧的翅膀和身形让火冠戴菊鸟能在树丛中穿梭自如。

栗喉蜂虎飞行技巧高超，能够一边飞行，一边捕食空中的昆虫。

黄腹琉璃鸟在果实累累的山桐子前来回振翅，大快朵颐。

返家千万里 | 候鸟长途飞行的挑战

黑面琵鹭在冬天飞抵台湾地区过冬，春天北返时必须飞行将近两千千米的路程，才能抵达东北地区和韩国的繁殖地。

为了避免遭受白天活动的猛禽攻击，黑面琵鹭的迁徙队伍多半选择在星夜飞行。

白头鹤是长途飞行的高手，会从西伯利亚北部飞越数千千米到南方过冬。

长途飞行对鸟类来说是巨大的考验，
但每年仍然有大批候鸟在地球上长途迁徙。
在迁徙之前，候鸟会先换羽，
用状态最好的新羽毛来迎接挑战。
它们还会努力进食增加体重，
以保持空中续航能力，面对此后几千千米的旅程。

小白鹭长形的羽翼可以让它进行长途飞行。

琵嘴鸭在冬天会飞到南方过冬，夏天才飞回北方繁殖。

候鸟除了具备长途飞行的能力以外，身体里还有"罗盘"和"地磁信号感应器"侦测方位，帮助它们准确找到回家的路。

水上轻功 | 水面当跑道

红冠水鸡不能长距离飞行，遇到危险时，它会先在水面上狂奔助跑，然后做短暂飞行。（吴尊贤 摄）

小鸊鷉为了抢食物，也会使出在水面狂奔的轻功绝技。（吴尊贤 摄）

一些体形大、翅膀短小的鸟类，无法在停止的状态下立刻起飞，它们通常会在水面或者陆地奔跑一段距离后，再振翅高飞。

对在陆地上活动的鸟类来说，起飞是一件十分容易的事，
但是对水鸟来说，如果在水中遭遇危险该怎么办呢？
所以，水鸟发展出一套犹如武侠片里的轻功"水上漂"的助跑起飞特技，直接从水上起飞。

小环颈鸻在水面上跑步，准备起飞。

水中休息的红嘴鸥在受到惊吓时，只需要在水面小跑一段就能起飞了。

畅游水陆空

在水域环境活动的水鸟，除了飞行，有些也会漂浮在水面休息或觅食，甚至潜到水面下捕食。有蹼的双脚是它们最佳的水下推进器。

鸬鹚不但能长途迁徙，还能潜水捕鱼，真是海陆空三栖高手。

红嘴鸥在海上长途飞行之后，会停栖在海面稍事休息。

雁鸭科鸟类脚上的蹼让它们成为游泳健将。它们常漂浮在水面活动或觅食，偶尔也在陆地上步行。（右图为斑嘴鸭）

水鸟的蹼足可以帮助它们划水和控制方向，宽阔的脚掌可以分散体重，避免深陷软泥中。

地面漫步

除了飞行，有些鸟类还擅长步行。这些鸟长着细长的脚趾，可以帮助它们平稳地站在地面，并靠尖尖的脚爪步行和找寻食物。

斑鸠和鸽子常在草地上行走，寻找食物。（上图为金背鸠）

白腹秧鸡在泥滩上来回走动觅食，细长的脚趾让它不易陷进湿泥里。

白鹤的长脚让它能在湿地觅食，却不会弄湿羽毛。（图中为白鹤幼鸟）

茶腹鳾（shī）的脚爪强而有力，使它能够在树干上垂直行走。

鸟类的脚的形态和生活环境以及食性有关。在湿地活动的涉禽有着修长有力的双脚，而许多善于飞行的陆鸟，双脚则十分短小。

正在吸食樱花花蜜的暗绿绣眼鸟

鸟以食为先

对鸟类来说，无论是飞行还是游泳都非常耗费体力，

所以，它们必须不断寻找食物补充能量。

栖息在不同环境的鸟儿所能觅得的食物大不相同，

形体各异的嘴喙决定了鸟类不同的食性。

用什么餐具
吃什么食物

鸟类的外观形态非常多样，
不同种类的鸟儿因为栖息环境不同，
演化出形态各异的嘴，
不同的嘴形也决定了它们能啄咬的食物，
有些嘴形适合抓虫，有些适合吃肉，还有些适合捕鱼。
我们用人类常用的工具来比拟鸟类的嘴，
就能明白个中的奥妙。

小镊子

黄山雀■
黄山雀这类的山鸟有像小镊子一般
的嘴，让它们可以抓出藏在枝芽间
的小虫子。

凿子

五色鸟■
宽大厚实的嘴可以用来凿洞筑巢，
也可以咬碎坚硬的果壳。

小镊子

台湾噪眉（金翼白眉）■
小而尖的嘴，让它可以稳稳地
咬住小虫。

筛子

绿头鸭■
雁鸭科鸟类的嘴中像筛子
的构造可以帮助它们过滤
水中的鱼虾、浮游生物、
昆虫和种子。

园艺剪

凤头苍鹰■
凤头苍鹰的嘴像一把园艺剪，钩状嘴尖
可以用来叼住猎物，而嘴两侧则可像小
刀一般切割猎物。

反嘴鹬■
嘴就像弄弯的筷子，
可在水中翻找食物。

夹子

黑面琵鹭■
黑面琵鹭的嘴就像夹餐点的夹子，宽大的前缘
可以帮助它们捕食鱼虾。

长小刀

苍鹭■
鹭科鸟类的尖长嘴就像切生鱼片
的刀子，可以让它们在水边直接
插起或夹住滑溜的鱼虾。

筷子
高跷鸻■
像筷子的长嘴，让它们能在
泥滩里翻找食物。

尖嘴钳
蓝腹鹇■
像尖嘴钳的嘴，让它可以咬
碎各种植物种子。

榕果的飨宴

红嘴黑鹎来到"榕果餐厅"大快朵颐，它常常把叼在嘴上的熟透榕果往空中一抛，再大口吞下。

鸟类的代谢速度很快，要通过不断觅食来维持体力，但大自然的食物来源并不稳定，因此只要有植物结果，就能引来大批鸟类聚集采食。

每到榕果成熟的季节，就是这些爱吃果子的小鸟聚集的时刻，有着小镊子般尖嘴的鸟儿像约好了似的，陆陆续续来到这个"大树餐厅"，好像要开一场榕果派对。

暗绿绣眼鸟

白头翁

五色鸟

白腹鸫

绿鸠

这个位于都市公园里的"榕果餐厅"，在短短一个小时内，吸引了六种鸟儿前来觅食，真不知道这些鸟儿饕客是怎么得到消息的。

花蜜专家

在春季和夏季时，能看到许多种鸟儿穿梭在花树之间，或倒挂，或把整个头埋进花朵里吸食花蜜。不过，要享用花蜜大餐，得有细尖的嘴才行。

暗绿绣眼鸟尖尖的嘴非常适合吸食花蜜。每当春天百花盛开的时候，都可以在花丛间看到它们觅食的身影。

五色鸟的嘴形不适合吸食花蜜，因此常见到它们啄食花瓣。

白头翁除了吸食花蜜之外，也会啄食花瓣。

花蜜对鸟儿来说，是热量高又容易消化吸收的美食，当它们往来吸食花蜜时，不知不觉也帮植物完成了授粉的工作。

吃虫一族

对鸟类来说，昆虫或蚯蚓等富含蛋白质的猎物，简直就是美味大餐。尤其在育雏时，亲鸟会捕捉大量昆虫喂养雏鸟。

栗喉蜂虎的细长尖嘴是捕食昆虫的利器，常可见到它一边飞行，一边捕食飞虫。

杂食性的五色鸟会捕捉昆虫喂食巢洞中的幼鸟。

在森林底层活动的仙八色鸫偏爱吃蚯蚓。

铅色水鸫（红尾水鸲）在河边捕食水生昆虫。

就是爱吃肉

大部分鸟类都是荤素不拘，因为对各种食物接受度越高，生存机会就越大。不过，还是有像鹰隼这样的猛禽只以肉类为食，不吃植物。

凤头苍鹰用园艺剪似的嘴叼起猎物，并用嘴的侧缘将猎物切割、撕裂成小块后吞食。（左图的猎物是斑鸠，右图的是蜥蜴）

吴尊贤·摄

台湾蓝鹊会用尖嘴攻击和捕捉像青蛇这样的猎物。蟾蜍的皮下组织有毒，聪明的蓝鹊会用嘴和脚爪剥除蟾蜍有毒的部分再吃。

同样重量的肉类和果实相比，肉类的营养和热量要比果实高出很多，因此，肉食性鸟类觅食所花的时间比较短。

鱼鲜好滋味

有些鸟类爱吃鱼虾这类的鲜食，它们大多居住在水边。不过要在水里捕捉猎物并不容易，无论在水面或水下捕食，都得练就一身好功夫。

黑面琵鹭的大嘴触觉敏感，能迅速利落地搜捕水中的鱼虾。

鱼鹰从空中俯冲到水下，用利爪捕捉鱼类。

翠鸟是从空中俯冲捕鱼的高手。

两只白腹鲣鸟在海面上抢夺刚从海里捕获的鱼。

凤头海鸥在海面上捕食丁香鱼。

赤足鹬用长嘴从泥滩里叼出螃蟹。

潜水高手冠鸊鷉在水下捕到了一条鱼。

在海岸边的凤头燕鸥

栖身之所

鸟类的栖息环境相当广泛，

从高山到平地，从原野到海洋，从热带到极地……

地球上似乎到处都看得到鸟类的踪迹，

超强的适应能力让它们成为最容易见到的生物之一，

而影响鸟类住在哪里的因素也跟食物有关。

栖息在海边的鸟

吃牡蛎、贝壳等食物的蛎鹬，喜欢在海岸附近的水域活动。

红嘴鸥的适应性很强，会在海面上捡拾食物，甚至在河口寻找人类的厨余。

白眉燕鸥吃丁香鱼这类的小鱼，它们会成群栖息在海岛的玄武岩峭壁上。

凤头燕鸥栖息在海岸边，在海中捕鱼，也到海里洗澡。

海鸟因长期住在海边并吃海洋生物，每天会吞下大量盐分，因此发育出能把体内盐分排出的特别腺体，这样就不会因为吃下过多的盐而死亡。

沿溪居住的鸟

溪流边的食物来源丰富多样，除了水中的鱼虾之外，还有各种水生昆虫和蛙类可捕食，很多中小型鸟类选择栖息在溪流边。

栖息在溪流边的灰鹡鸰，在河床四周捕食水生昆虫。　住在溪边的铅色水鸫不会潜水，水生昆虫是它的主食。

河乌会潜入水中捕捉溪鱼、虾蟹和水生昆虫，整条河流都是它的餐厅。

并不是每一种住在溪流边的鸟都会下水觅食，食物更是因鸟而异，例如，河乌会潜水捕捉河底的石蚕幼虫，铅色水鸫则是在水面捕捉羽化后的成虫。

栖身湿地的鸟

湿地的生物多样性极为丰富，食物来源不虞匮乏，因此成为许多留鸟的栖身处，也是众多候鸟选择过冬的基地。

夜鹭（亚成鸟）在湿地等待猎物送上门。

水雉常栖息在有菱角的湿地里。

栗小鹭为了捉鱼，将自己藏身在水生植物间。

红冠水鸡是湿地最常见的留鸟之一，常可见到它在水生植物间翻找食物。

山林中的隐士

山林里植被繁茂，为生性害羞的山鸟提供了绝佳的栖身之处，山区丰富多样的食物也让它们得以温饱。

蓝腹鹇常藏身于深山幽暗的竹林中，吃昆虫、植物嫩芽、浆果或种子。

深山竹鸡（台湾山鹧鸪）鸟如其名，是居住在山林底层的鸟类。

黄胸薮眉居住在中海拔阔叶林里，吃昆虫、果实和种子。

站着也能睡

很多人以为鸟类晚上会回到巢里睡觉，其实这是错误的。鸟类只有在繁殖时才会筑巢，平常就在树上站着睡觉。

蹲坐在树上过夜的黑长尾雉雌鸟。

黑枕蓝鹟在树枝上沉沉睡去。

为了保暖，睡着了的灰鹡鸰会将羽毛膨胀成一个毛球。

鸟类的脚的构造和我们想象的有所不同。它们在双脚用力时，脚爪是张开的；双脚放松时反倒是紧握的。所以，鸟类在树上睡觉时不会掉下来。

都市讨生活

有些鸟类选择在都市讨生活，这里不但少了天敌的威胁，还有许多行道树和人工设施可躲藏。成为人类邻居的鸟甚至会在垃圾堆里找食物。

燕子在监视器上育雏，仿佛有着最佳防护。

喜鹊选择在城市教堂的十字架上筑巢。

大卷尾鸟直接把巢筑在视野绝佳的电线上。

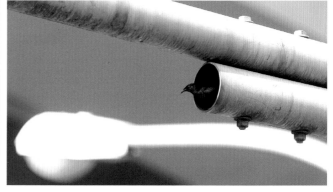

外来种的亚洲辉椋鸟出现在热闹的台北街头，马路上的路牌是它们宣示领地的高台，交通标志牌的铁柱成了它们繁育后代的摇篮。

麻雀是都市里最常见的鸟类，常常成群聚集在交通标志牌上休息，也会利用人工设施筑巢，繁育下一代。

有些鸟类为了适应都市环境，会改变自己的行为，例如，喜鹊在山林中吃果实、昆虫和两栖类，在都市里则会翻找人类的厨余和垃圾来吃。

夜市大旅舍

除了自然环境，也有鸟群聚在热闹夜市的大树上过夜。据推测，夜市的人声和车声会吓阻鸟儿的天敌，因此它们选择在这里休息。

在嘉义市最热闹的文化路夜市，邮局旁有三棵大树，每晚都会聚集数百只白鹡鸰在树上过夜。

不仅台湾南部夜市有奇观，新北市的乐华夜市也有一棵大树，每晚都有上百只白头翁在树上过夜。

聪明的鸟儿也许发现，睡在夜市的树上，底下逛街的人潮并不会对它们造成干扰，这里因此变成了最安全的旅舍。 53

翠翼鸠育雏

飞羽之爱

无论是求偶、交配、筑巢、育雏……
鸟类繁育下一代的每一步都精妙绝伦！
在雏鸟孵化之后，亲鸟无微不至地照料它们，
过程更是令人惊喜和感动。

结婚进行曲 求偶和交配

在繁殖季，雄金背鸠（左）先帮雌鸟（右）理羽，雌鸟再帮雄鸟理羽。
理羽之后，它们就完成交配（上雄下雌）。

雄绿头鸭踩在雌鸭背上在水中交配，雌鸭几乎沉入水中，
相当惊险。

雄栗喉蜂虎捕获昆虫后，不断向雌鸟展示，希望
得到青睐。

金背鸠为一夫一妻制的鸟类，每年约 5 月到 7 月为繁殖季，近些年因全球变暖，甚至连冬季都有繁殖记录。

在繁殖季时，有些鹭科鸟类的雄鸟会换上一身繁殖羽吸引雌鸟的目光；求偶时，雄鸟常会帮雌鸟理羽，甚至会捕捉食物给雌鸟，大献殷勤。这都是鸟儿为了交配、繁殖后代的求婚招式。雄鸟除了要装扮自己，在繁殖季还要面对其他虎视眈眈、想抢夺伴侣的雄鸟，雄鸟们常常为此相互较劲，甚至大打出手。

这两只换上美丽繁殖羽的雄水雉，为了争夺伴侣大打出手。

繁殖期的雄小白鹭长出漂亮的长饰羽，眼眶呈现粉红色。

如果雌鸟接受雄鸟的定情礼物，就会一口把昆虫吃掉，然后蹲低身体，让雄鸟跳到背上交配。

织巢高手 | 鸟巢学问大

麻雀叼着草钻进一座吊灯里，它们的巢几乎都筑在户外空间的细缝中。

白头翁利用各种材料加固自己的巢，就连塑料绳也不放过。

为避免风雨灌进巢中，雄五色鸟会选择在枯木的背风面挖凿产卵和育雏的巢穴。它的嘴像一把凿子，能把木头凿开，并叼出里头的木屑向外丢弃。

鸟类会用树枝、草根、叶子等随处可得的材料来筑巢。有些生活环境比较接近人类聚居区的鸟类，还会用塑料绳这类更耐用的材料。

筑巢是鸟类繁殖前的一大工程，也是鸟类表现求偶浪漫之后的另一个细腻工作。
我们熟知的鸟巢大多都是利用树枝、枯草编织的巢窝，除此之外，
还有凿树洞的、钻土洞的、挖沙坑的……各式各样的筑巢方式令人大开眼界。

火冠戴菊鸟正准备把树枝上的一块棉絮
叼回去筑巢。

大型的紫鹭也是由雄鸟四处搜寻合适的树枝，叼回巢里交由
雌鸟筑巢。

小白鹭由雄鸟（左）从树林间叼回树枝当作巢材，并和雌鸟（右）同心协力铺设在巢里。

巢型大不同

鸟巢为卵和幼雏提供温暖而安全的庇护，但因为鸟的种类和习性不同，再加上栖息环境的不同，所以造就了形态各异的精致又美丽的鸟巢。

台湾蓝鹊像脸盆似的巢，除了用树枝搭筑外，还叼来了衣架充当筑材。

黄鹂的巢像一个碗，是用草编织而成的。

黑枕蓝鹟的巢好像是冰激凌蛋筒。

红冠水鸡用水草的茎在水塘搭起一个巢。

栗喉蜂虎是在夏天集体繁殖的鸟类，它们群聚在泥墙上挖出巢洞繁殖下一代。

东方环颈鸻的巢只是在沙滩上挖一个洞。

像台湾蓝鹊这样的鸦科鸟类常会捡拾人类的生活用品来筑巢。日本东京就曾发现乌鸦捡了一百多个衣架，组成一个超稳固的鸟巢。

看到树上像糖葫芦似的巨大鸟巢了吗？这是喜鹊的巢。喜鹊会回到旧有的巢上继续搭建新巢，于是就出现了鸟巢中的高楼景致。

蛋蛋不一样 | 色彩大小各异的鸟蛋

绿头鸭的蛋跟鸡蛋差不多大，没有花纹。

白头翁的蛋底色是粉红色，上面有暗红色的斑纹。

小白鹭青绿色的蛋十分显眼，亲鸟随时都在巢中看顾照料，十分安全。

白色的鸡蛋是我们最熟悉的鸟蛋。

关于鸟蛋的颜色变化，原因众说纷纭，比如像方便识别、伪装欺敌、防止日晒等，但确切原因还有待进一步研究。

鸟类的蛋是什么颜色？是不是和鸡蛋一样，不是白皮蛋就是红皮蛋？事实上，鸟蛋的颜色和亲鸟筑巢的环境有关，产在洞中或亲鸟恋巢性高的鸟蛋比较安全，通常就是白色的。产在地面窝巢的蛋，比较容易被天敌发现，颜色就和周围的环境很像。

在树丛间筑巢的鸟儿，蛋的颜色通常和环境或巢材很像，表面还有斑纹，就像从枝叶间散落的光影。（图中是台湾蓝鹊的蛋）

东方环颈鸻的蛋的颜色和沙滩十分相近，上面还有斑纹，如果不仔细看，很难发现，因此降低了被天敌掠食的风险。

亲爱的宝贝

经过十几天或更长时间的孵化等待，雏鸟终于破壳而出。这些新生的雏鸟长得和亲鸟有些不同，但都需要亲鸟的照顾才能顺利成长。

白腹秧鸡的宝宝一身黑，和亲鸟长得一点都不像。

东方环颈鸻刚破壳而出的两只雏鸟，在亲鸟的保护下，一两个小时内就能站立行走。

水鸟的雏鸟刚破壳而出就会跟着亲鸟四处奔跑觅食，而陆鸟的雏鸟则要经过一段时间的哺育，才会站立和行走。

翠翼鸠的雏鸟将嘴喙伸入亲鸟口中，吃着从嗉囊分泌的鸽乳。

很难想象，巢中灰黑色的雏鸟是台湾蓝鹊的宝宝。

小麻雀一生下来，脸部就带有棕色的斑纹。

刚孵出不久的小白鹭毫无行动能力。

多在地面活动的红冠水鸡较易遭到天敌攻击，雏鸟刚孵化几个小时后，就能跟着亲鸟到处跑。

白头翁生活日记 | 城市鸟类的繁殖记录

4月26日

这一对白头翁常站在窗外的围墙上理羽。

4月27日

每天清晨五点，雄鸟都会在树上拍翅膀唱情歌。

4月29日

它叼来草枝，是不是要筑巢呢？

5月7日

白头翁雌鸟在这个巢里下了三个蛋。

5月11日

台风来袭，下着滂沱大雨，雌鸟依然坚守岗位。

5月16日

三只鸟宝宝终于破壳而出了。

鸟类都有特殊的习性规律，每天清晨 4:50 到 5:00 时，那只雄白头翁一定会到阳台的那棵梅树上唱情歌，这样大约持续了十几天之久。

有一年春天，我在台北的工作室外突然来了一对白头翁，
雄鸟每天在窗外唱情歌，没几天我发现工作桌的窗边竟然出现了一个鸟巢，
于是，长达两个月的白头翁繁殖观察就这样开始了……

5月5日

没几天，我电脑屏幕后方的植物上就多了一个鸟巢。

5月6日

第二天，鸟巢里竟然有一只雌鸟在孵蛋！

5月18日

才破壳两天的小白头翁们眼睛还没睁开，全身光溜溜的，只有翅膀上长了一点羽毛，它们张嘴大叫着向亲鸟乞食。

亲鸟轮流喂食雏鸟，三只雏鸟好像总吃不饱，整天都在吃。

才过几天，雏鸟身上已经长出了深灰色的羽毛。

今天竟然观察到亲鸟一口吞下雏鸟的大便！

有些鸟类在雏鸟刚孵出来的第一周会吞下它们的排泄物，因为这时候雏鸟的消化系统不好，食物几乎没有消化，因此它们才有这样的特殊行为。

虽然是在繁华的都市里，但亲鸟总是有办法找到各式各样的食物，像蜻蜓、椿象、蚯蚓和各种果实等，来喂养自己的孩子。

雏鸟在树上度过
离巢的第一夜。

才过了十天，三只雏鸟的羽毛就已变长，一直蠢蠢欲动。到了中午，亲鸟一直没回来，一只雏鸟率先跑出巢外，
之后其他两只也跟着往树上跑，今天就是它们离巢的日子。

白头翁育雏时的领地意识很强，那一个月，我只要一踏入阳台，亲鸟立刻就会用急促的叫声驱赶我。

5月26日

虽然离巢了，但还不太会飞，三只雏鸟分别躲在不同的地方，亲鸟不断地焦急搜寻它们，来回喂食。

6月4日

亲鸟费了很大的力气，才让三只雏鸟又聚集在一起。

6月10日

有亲鸟的陪伴训练，它们已经能做短程的飞行。

6月27日

在我拍下这张照片之后，已有成鸟模样的它们都飞离了我家阳台。我祝福它们，也希望能再见到它们回来。

在树林间鸣叫的黑枕蓝鹟

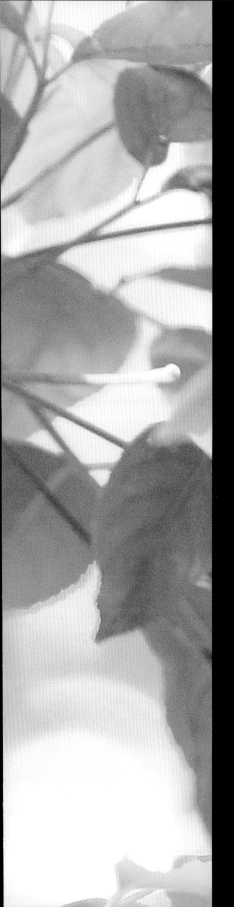

天生好歌手

鸟类因为与众不同的叫声而令人喜爱，

它们的鸣叫声多样且丰富，

叫声的功能包括沟通联系、威吓警告、乞食、求偶等，

我们常常会通过聆听鸟鸣来寻找鸟儿的踪迹，

并通过不同的叫声来辨识它们的种类。

为什么唱歌

鸟类鸣叫和人类说话一样有许多含义。有些鸟会模仿其他鸟的叫声，甚至会学说人话，这其实都是为增加求偶鸣唱的独特性而准备的。

大冠鹫一边飞，一般发出求偶的鸣叫声。

群聚性的八哥张口大叫，呼唤同伴。

松鼠靠近黄鹂的巢，亲鸟发出警戒的叫声。

雏鸟一出生就知道张大嘴扯开嗓门发出"叽……叽……叽……"的乞食声，提醒亲鸟"我饿了"。（图中乞食的是家燕幼鸟）

拥有学习和模仿能力的鸟类，从幼鸟时期便开始学习亲鸟的叫声，尤其是雄鸟的鸣唱技法，这关系到它日后求偶繁殖的成败。

貌美不等于声美

有些鸟儿为了躲避天敌,有着和环境相近的羽色,它们为了突显自己,就用悦耳高亢的叫声来和同伴沟通联系。

台湾画眉的羽色并不出众,悠扬的叫声却十分惊艳。

有"长尾山娘"之称的台湾蓝鹊,和乌鸦同为鸦科,羽色虽然鲜艳美丽,但"嘎嘎"的叫声却十分刺耳。

小云雀的羽色和环境相近,歌声响亮而高亢,好让同类在空旷的草原也可以找到。古人用"云雀出谷"来形容优美的歌声。

一身蓝黑的白尾鸲发出"咪……咪……哆……来……咪……"的叫声,十分悦耳。

叫声的联想

鸟类的鸣叫主要是宣告领地和吸引异性，
繁殖季时更是雄鸟展现歌喉的最佳时机。
生活环境也会影响鸟类的鸣叫方式，
生活在森林中的鸟，鸣叫声的频率高，
而湿地和水边的鸟类叫声则常会有抖音并不断重复。
它们不同的发声方式是为了让雌鸟找到自己，
达到繁衍下一代的目的。
为了加深对鸟类叫声的记忆，
我们可以用趣味的联想方式，辨识不同的鸟叫声。

苦啊——苦啊

生活在湿地的白腹秧鸡会发出"苦啊——苦啊——"的抖声，并传得很远，是鸟类中著名的"苦情歌手"。

喵——喵

红嘴黑鹎会模仿多种鸟类的叫声，以吸引雌鸟。它也常发出如猫叫的"喵——喵——"叫声，让人误以为有猫爬到了树上。

巧克力，巧克力

白头翁平时的叫声会让人觉得它在唱"巧克力——巧克力"。它的警戒声则是高亢的"吉力力——吉力力——"。

吐米酒，吐米酒

冠羽画眉回荡在山林里的高亢声音好像在说"吐米酒——"或英文"to meet you"。

每种鸟类的鸣叫方式都不一样，而且不止有一种叫声。有研究指出，鸟儿也会因开心而像人类一样高歌一曲。

鸡狗怪——鸡狗怪——

住在山林里的竹鸡在清晨或黄昏时会不停地叫"鸡狗怪——鸡狗怪——",响亮的声音传遍山野,让人无法忽略它的存在。

和鸟类做朋友

好多朋友问我平常都去哪里观鸟,我都这么告诉他们:"住家附近的公园!"这个答案也许让人大跌眼镜,但这真的是最便利的观鸟地点。大多数的人以为要到遥远的地方、用最好的器材才能观鸟,却忘了我们身边就有许多可爱的小精灵,而我们的双眼更是最佳的观察利器。

只要带上你的双眼,怀抱着一颗愿意等待的心,鸟儿自然会在你面前展现出最美丽的一面,唱歌、飞舞、筑巢、育雏……

我们可以用笔记本画下它们,也可以用摄影器材拍下它们美丽的身影,或用各种方式展现对它们的爱。

大自然并不缺乏美,而是少了发现美的眼睛。一旦你和鸟儿交上朋友,你会发现到什么地方都不会无聊,因为鸟类朋友无处不在!

望远镜是帮助你看得更清楚的装备,但不一定是观鸟的必备品,请善用你的眼睛去观察发现吧!

鸟类辨识图鉴可以帮助你通过鸟类的特征，查询所见到的鸟种。

都市的公园、水生池，甚至行道树，都是寻找鸟类的好地方。

建议从身边常见的鸟类开始观察，麻雀也是很棒的观察对象哟！

户外观鸟趣

　　形状优美多变、鸣叫声多样丰富的鸟类是我们很容易观察到的生物，因此观鸟一直是最受人们欢迎的户外休闲活动。但观鸟应该怎么开始呢？又该从何看起呢？只要依循下列几个观察要点，保证你在每次观鸟时都收获满满。

从生活中常见的鸟开始观察

麻雀、白头翁、绿绣眼被称为"都市三侠"，可以先从它们开始观察。

吃什么：追踪觅食习惯

鸟儿的觅食习惯因嘴形与栖息地不同而各

长什么样子：辨识外形和特征

学习辨识鸟类的外形、颜色等特征，可以帮助你迅速查询、鉴定鸟种。

做什么：观察各种行为

观察不同鸟类的飞行、行走方式和特殊行为。

住哪儿：识别栖息环境

鸟类的栖息环境各有不同，栖息地大多和食物有关。

观察求偶、繁殖和育雏

鸟类的求偶、繁殖和育雏过程非常精彩，值得观察、记录。

什么声音：聆听和辨识叫声

仔细聆听鸟的鸣叫声，不同鸟种的叫声都不一样，由此可识别和定位鸟类。

作者简介
黄一峯

四度荣获台湾金鼎奖的自然科普作家。成长于繁华都市，却拥有一双善于发现自然野趣的眼睛。集写作、绘画、摄影、艺术设计、空间视觉设计等多重创作人身份于一身，专注于将自然素材作为创作元素，以美学视角将科学记录方法转化成活泼的自然创作。现为自然野趣NATURE FUN生态教育工作室创办人兼课程总监、野性中国讲师、中国红树林保育联盟（CMCN）顾问。著有《自然怪咖生活周记》《怪咖动物侦探》《自然野趣DIY》《婆罗洲雨林野疯狂》《自然观察达人养成术》等。

审订者简介
吴尊贤

希望以天地万物为师，将分享传播自然之美视为快乐源泉的自然观察达人。曾任《冠羽》杂志总编辑，并在野鸟学会、猛禽研究会、荒野保护协会等当过志愿者，1991年创办自然野趣书屋。目前为自然教育工作者。著作曾获台湾金鼎奖优良图书奖，著有《新台湾赏鸟地图》。

鸟儿捉迷藏　你找到了吗？

P20 五色鸟在左上角。

P21 找到了吗？画面里一共有五只麻雀。

图书在版编目（ＣＩＰ）数据

鸟类不简单 / 黄一峯著 . -- 北京 : 中国友谊出版
公司 , 2022.10

（自然野趣系列）

ISBN 978-7-5057-5411-9

Ⅰ . ①鸟… Ⅱ . ①黄… Ⅲ . ①鸟类—普及读物 Ⅳ .
① Q959.7-49

中国版本图书馆 CIP 数据核字 (2022) 第 025384 号

著作权合同登记号　图字 : 01-2022-2743

本书由台湾远见天下文化出版股份有限公司授权出版，
限在中国大陆地区发行。

书名	鸟类不简单
作者	黄一峯
出版	中国友谊出版公司
发行	中国友谊出版公司
经销	新华书店
印刷	天津联城印刷有限公司
规格	720×1000 毫米　16 开
	5.5 印张　20 千字
版次	2022 年 10 月第 1 版
印次	2022 年 10 月第 1 次印刷
书号	ISBN 978-7-5057-5411-9
定价	39.80 元
地址	北京市朝阳区西坝河南里 17 号楼
邮编	100028
电话	（010）64678009